MW01711028

L'anniversaire de Sardinette

suivi de

Kiritimati

Collection « Petits comédiens »

6/8 ANS

C'est Kiki et autres sketches
François Fontaine

Coccinelle, Demoiselle et autres sketches
Brigitte Saussard

L'anniversaire de Sardinette, Kiritimati
Jean-Louis Sauzade

8/10 ANS

Le problème, Le discours
Christian Lamblin

L'affaire Barbe-Bleue, Un bandit qui retourne sa veste
Yak Rivais

L'opéra grammatical, Le juste mot
Anne-Catherine Vivet-Rémy

Conception : Sarbacane
Réalisation : Arts Graphiques Drouais
Illustrations : Isabelle Charly

N° de projet : 10074306-I-5-OSB 120°-D.L. mars 2000
Imprimé par l'Imprimerie CAMPIN à Tournai, Belgique

Les sketches de cet ouvrage ont été initialement publiés dans l'ouvrage *Pièces drôles pour les enfants*, © Retz, 1996.

SOMMAIRE

Jean-Louis Sauzade

Enseignant en collège puis professeur d'école, il a découvert, adolescent, la passion du théâtre. Une passion qu'il n'a jamais démentie et qu'il partage, depuis 15 ans, avec des groupes d'enfants et d'adolescents en montant des pièces dont il est l'auteur.

L'anniversaire de Sardinette

Personnages :
Le roi Espadon 1er
La reine Sole
La princesse Sardinette
Le garde Barbar
Le garde Loulou
Le roi Homard 1er
La reine Langoustine
La princesse Crevette
La princesse Crabette
Le magicien Poulpasse
La fée Étoile de Mer

11 personnes

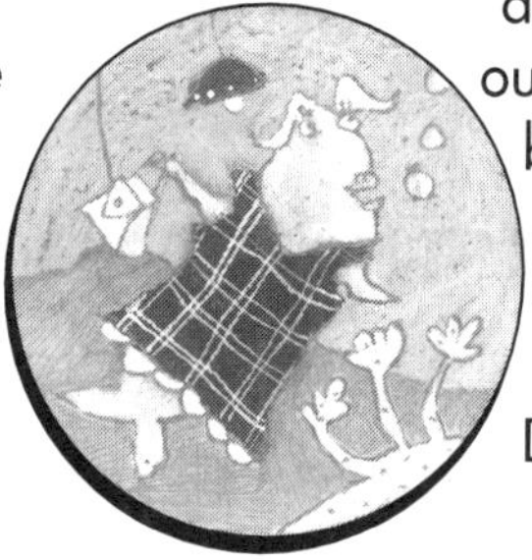

Accessoires :
2 grands fauteuils
décorés avec des tissus
ou des papiers argentés,
brillants, bleus, verts...
3 valises de tailles
différentes
pour les crustacés.
Des lances en carton
pour les gardes

Scène 1

Personnages : Barbar – Loulou

(Dans la salle du trône du roi des Poissons – il y a deux fauteuils décorés –, deux gardes sont en faction nonchalante et discutent.)

Barbar
Qu'est-ce qu'il leur arrive, en ce moment, au Palais ? Je n'ai jamais vu le roi ou la reine aussi énervés ! Quoi qu'on fasse, on se fait taper sur les nageoires !

Loulou
C'est à cause de la princesse Sardinette.

Barbar
Elle a fait de grosses bêtises ?

Loulou
Non, mais non. C'est demain son anniversaire, et il va y avoir une énorme fête... Tous les habitants de la mer sont invités...

Barbar
Tous ?

Loulou
Oui, tous : c'est la reine qui s'est occupée personnellement des cartons d'invitation. Elle m'a envoyé poster tout ça il y a déjà une semaine. J'en avais deux sacs énormes...

Barbar
Attention, il y a du monde qui arrive. Garde à vous !

Scène 2

Personnages : Barbar – Loulou – Homard 1er – Langoustine – Crevette – Crabette

(Arrivée des premiers invités : le roi, la reine et la princesse des Crustacés. Ils portent leurs bagages.)

Homard 1er
Nous y voici... Ouf !... Gardes, veuillez annoncer l'arrivée de Nos Majestés.

Barbar
Heu... Leurs Majestés sont arrivées...

Langoustine
Précisez, précisez, garde...

Loulou
Leurs Majestés crusta... curté... trucassées sont arrivées, sire.

Crevette
Pas trucassées, idiot : crustacés ! Ça, c'est papa Homard 1er, ça, c'est maman Langoustine, et moi, je suis la princesse Crevette.

Barbar
Leurs Majestés Homard 1er, Langoustine et Crevette demandent à voir Votre Majesté, Majesté.

Crabette
Ça en fait, des majestés, tout ça !

Scène 3

Personnages : Les mêmes – Le roi et la reine des Poissons

(Arrivée du roi Espadon 1er et de la reine Sole...)

Espadon 1er
Mon cher Homard !

Homard 1er
Mon cher Espadon !

Sole
Ma chère Langoustine !

Langoustine
Ma chère Sole !

Tous ensemble
Comment allez-vous ? Vous avez une mine superbe !

Espadon 1er
Gardes, portez ces bagages jusqu'aux chambres d'amis royales... Vite !..

Crevette
Où est la princesse Sardinette ?

Crabette
Elle n'est pas malade, au moins ? Ce serait dommage, pour son anniversaire !

Sole
Non, non, elle est dans sa chambre, on vient tout juste de lui apporter sa nouvelle robe pour le bal de ce soir... Elle l'essaye...

Espadon
Mais venez, venez donc, nous allons lui faire coucou...

(*Ils sortent tous en continuant de discuter...*)

Scène 4

Personnage : Poulpasse

(Arrivée sur scène, sans faire de bruit et avec des airs de conspirateur, du magicien Poulpasse... Il est très en colère...)

Poulpasse
Ah, on ne m'invite pas ! Ah, on me laisse à l'écart ! Je ne suis pas assez bien pour eux, peut-être... Pas de nageoires, pas de pinces, alors on ne veut pas le fréquenter, Poulpasse...
Mais on oublie qu'il est magicien, Poulpasse. Le plus grand, le plus terrifiant magicien du monde marin...
Je vais leur montrer ce que ça coûte de me mépriser ainsi.
Ma vengeance va être terrible... Ils vont me supplier à genoux, après ce que je vais leur faire... Ah, ah ! ah ! ah !

(Il va se cacher derrière les trônes...)

Scène 5

Personnages : Crevette – Crabette – Sardinette – Poulpasse

(Arrivée des trois princesses qui se poursuivent...)

Crevette
Allez, raconte, dis, dis, dis...

Crabette
Oh oui, s'il te plaît, dis-nous comment il est...

Sardinette
Il est très beau. Une nageoire dorsale magnifique, dans les bleu-gris, bien musclé... des ouïes d'un rouge vif. Et des grands yeux d'un rond parfait...

Crevette
Tu l'aimes, alors, ton saumon ?

Sardinette
Je ne sais pas... Je suis encore un peu jeune...

Crabette
Deux ans, pour une sardine, c'est bien assez vieux !

Crevette
Tiens, j'ai cru voir bouger, là, derrière les trônes...

Sardinette
Ce sera un garde, ou un des serviteurs qui se cache pour dormir !

Poulpasse
Non, c'est moi ! Vous reconnaissez Poulpasse, le terrible, l'infernal Poulpasse ?

(Cris des princesses qui courent dans tous les sens...)

Poulpasse
« Halakazim, Barakasel, changez-vous en statue de sel ! »
Voilà qui est fait... Ha ! ha ! ha ! ha ! ha !... Nous verrons bien, maintenant, quelles têtes vont faire vos parents !

Scène 6

Personnages : Les princesses - Les deux reines

(Entrée des deux reines qui ne se rendent pas tout de suite compte de la transformation.)

Sole
Sardinette, ma chérie, viens : nous allons passer dans la grande salle à manger, nos invités doivent avoir faim...

Langoustine
Pas trop, pas trop... Crevette, Crabette, mes petits cœurs, allons ! Arrêtez de jouer, nous passons à table...

Sole
Sardinette ? Ma Sardimoumichouminette ?

Langoustine
Crevetoulimoulinette ? Crabolibombinette ? Pourquoi ne répondez-vous pas ?

Sole
On dirait...

Langoustine
Mais elles sont...

Sole
Transformées en statues de sel ! Au secours ! À l'aide !

Langoustine
À l'assassin ! Au sortilège ! Au fou ! À moi ! À nous !

Scène 7

Personnages : Princesses - Reines et rois - Gardes

(Les deux rois rejoignent sur scène princesses et reines...)

Homard 1er
Qu'y a-t-il ? Quel est ce remue-ménage ?

Espadon 1er
Pourquoi tous ces cris ? Mesdames, calmez-vous...

Sole
Regarde, mon roi. Regarde... Ta fille est transformée en statue de sel...

Langoustine
Et les miennes aussi, et elles vont fondre, et ce sera épouvantable, et...

Espadon 1er
Que l'on fasse venir de toute urgence la fée Étoile de Mer. Il n'y a qu'elle qui puisse faire quelque chose... Allez, mesdames, allez la chercher... Où sont les gardes ?

Homard 1er
Qui a pu faire un aussi mauvais coup ?

Espadon 1er
Il faut que ce soit un bien puissant magicien, pour réussir pareil tour ! Gardes !

Sole
Poulpasse ! C'est Poulpasse ! Tout est de ma faute !

Espadon 1er
Comment, comment ? Explique-toi !

Sole
Je ne l'ai pas invité... Je ne l'aime pas beaucoup, car à la dernière fête du Palais, il m'a fait danser... Et alors, être serrée par huit bras pleins de ventouses... j'en ai encore des frissons dans les écailles...

Homard 1er
Il s'est vexé, il s'est vengé !

Espadon 1er
Gardes, gardes... Allez à la poursuite de Poulpasse, la pieuvre... Il ne doit pas être bien loin du Palais... Et ramenez-moi cet octopode de malheur... Mort, ou vif !

Barbar
Oui, grand roi... Mais...

Loulou
S'il nous jette un sort ? Comment faire ?

Espadon 1er
Obéissez, sinon je vous fais mettre au court-bouillon !

Scène 8

Personnages : Princesses - Reines - Rois - La fée Étoile de Mer

(Arrivée de la fée Étoile de Mer.)

Étoile de Mer
Alors, j'apprends qu'on a transformé notre bien-aimée princesse en statue de sel... les trois princesses ! C'est très très vilain, ça !

Langoustine
Pouvez-vous les ramener à la vie, fée Étoile ?

Sole
S'il vous plaît... Elles vont fondre... s'il vous plaît... vite !

Étoile de Mer
Bien sûr, que je peux... C'est un sort assez simple qui leur a été jeté... du bricolage, ça... Reculez-vous, je me mets au travail !
« Ennacéhel, s'en va le sel,
Céhelénna, la vie est là ! »

Crevette
Ouah... Que s'est-il passé ?

Crabette
Tout était noir, et je n'entendais plus rien du tout

Sardinette
Pourquoi nous regardez-vous comme ça ?

Sole
On vous expliquera...

Scène 9

Personnages : Tout le monde !

(Retour des deux gardes qui poussent Poulpasse au bout de leurs lances.)

Barbar
Avance, princessicide !

Loulou
Plus vite, sorcier de l'enfer...

Poulpasse
Aïe, ça fait mal vos zinzin... Votre Majesté... *(Il se jette aux pieds du roi Espadon.)* C'était une mauvaise plaisanterie... J'étais vexé de ne pas avoir été invité. Je voulais me venger... vous faire peur... Mon sort n'était que provisoire... Il ne devait durer qu'une demi-journée !

Espadon 1er
Je sais que tout n'est pas entièrement de ta faute, et qu'on t'avait offensé en oubliant de t'inviter... Mais tout de même, tu y est allé un peu trop fort... Pour que je te pardonne complètement, tu seras chargé de faire de la musique pendant toute la durée de ces fêtes. Avec tous ces bras, tu dois pouvoir jouer de beaucoup d'instruments, non ? Tu seras le premier octopode-orchestre de l'histoire sous-marine !

Les princesses
Que la fête commence !

RIDEAU

Kiritimati

Personnages :

Le roi Kingomati
La reine Kingamata
Le grand sorcier Magimati
Le grand guerrier Massumati
Le chasseur de requins Piromati
La pêcheuse de perles Paloumata
Le cuisinier Marmimata
Le singe sacré Pelumati
Les corsaires Bouffarde et Girofle
Les prisonniers Gulibleu,
Mac Oustic et Mac Robat

Accessoires :

1 lance pour le chasseur;
une grande spatule
pour le cuisinier;
1 filet pour le pêcheur;
des pistolets et une corde
pour les corsaires;

Scène 1

Personnages : Marmimata – Piromati – Massumati – Magimati

Nous sommes sur l'île de Kiritimati, sur la place du village. Il y a une paillotte, un « tiki », une grosse marmite sur le feu, quelques arbres ou arbustes. Le grand cuisinier Marmimata est en train de préparer une nouvelle recette de cuisine pour la tribu.

Marmimata
Bon. Alors, où j'en suis, moi ?... Ajouter un avocat sans son noyau, deux feuilles de palme et un bon demi-litre de lait de coco... Voilà... Remuer à feu doux pendant une demi-heure... Une demi-heure ! C'est pénible ces recettes, surtout depuis que notre grand roi Kingomati a supprimé les esclaves. Je suis obligé de touiller moi-même... J'espère que...

Piromati
Marmimata, Marmimata... *(Il souffle car il a pagayé très vite, il a gardé sa pagaie à la main...)* J'ai vu, là-bas, sur la mer... bien après le lagon... J'ai vu, j'ai vu...

Marmimata
Oh, oh, oh... Calme-toi, Piromati, mon ami, calme-toi... Qu'est-ce que tu as vu, là-bas ? Le grand-père des requins ? ou Baru Baru, le dieu de la Mer ?

Piromati
Ni l'un... ni l'autre... J'ai vu un oiseau... un gros oiseau blanc...

Marmimata
Et c'est pour ça que tu es revenu si vite ? Pour une mouette ? Si tu levais plus souvent les yeux vers le ciel, tu en aurais déjà vu, des mouettes !

Piromati
Non, non, pas une mouette... C'était un oiseau... É-nor-me... Plus grand que cette case... Trois ou quatre fois plus grand... Avec des ailes blanches toutes gonflées par le vent...

Marmimata
Et il volait vers où, ton gros zoizeau ?

Piromati
Il ne volait pas, il nageait, il nageait vite, vite, vers notre île... J'ai eu peur de ne pas pouvoir le chasser tout seul...

Marmimata
Attends, s'il est aussi gros que ce que tu dis, et même s'il est à moitié aussi gros, il faut des armes, et des renforts... *(Il appelle à pleins poumons.)* MA-GI-MA-TI ! Grand sorcier, nous avons besoin de toi !

Piromati, *appelant dans la direction opposée...*
MA-SSU-MA-TI ! Grand guerrier, nous avons besoin de toi...

Magimati, *arrivant*
Par les pinces du grand Crabe... Quoi, quoi ?... J'essaye une nouvelle poudre magique, et vous me dérangez... Il faut que ce soit pour une grande cause, sinon, j'appelle les esprits du sel et de l'eau, pour qu'ils vous rongent les pieds !

Massumati, *arrivant*
Holà ! holà !... Pourquoi interrompre mes exercices matinaux ? J'étais sur le point de lancer ma lance pour la deux cent soixantième fois en plein milieu d'une noix de coco... Gare à vous, si c'est pour rien...

Marmimata
Non, non, c'est important.

Piromati
Très important, même...

Magimati
Expliquez-vous.

Massumati
Allez, expliquez-vous, et qu'ça saute!

Marmimata
Ouah!!! Ma recette... Tout va brûler... Piro, dis-leur, il faut que je touille...

Piromati
Voilà. Il y a un gros oiseau blanc qui nage en direction de notre île, un oiseau énorme...

Marmimata
Il m'a dit qu'il était gros comme trois fois ma case!

Piromati
Oui, oui, c'est vrai... Il est très gros... Il faudrait l'attraper, le plumer...

Marmimata
Ça y est, ça va encore être du travail pour moi...

Magimati
Mais oui, et on pourrait faire la surprise au roi, pour la fête de la Lune... Un gros oiseau à la broche...

Massumati
Miam... Il est vraiment très gros?

Piromati
Puisque je te le dis!

Massumati
Intéressant. je veux bien venir le chasser avec vous. Ainsi, j'ajouterai un nouvel exploit à ma collection... Massumati, le tueur de Grozoizeau...

Marmimata
Pfft... ! quel prétentieux...

Massumati
Tu disais, cuisinier ?

Marmimata
Heu... Le feu, il faut que je rallume mon feu...

Piromati
Mais non. Laisse ta marmite, tu viens avec nous à la chasse au Grozoizeau. Nous ne serons pas trop de quatre... Prends ton couteau...

Magimati
Je prends mes poudres magiques et une corde...

Massumati
Je prends ma massue...

Piromati
Et moi, ma pagaie... Allez, tous à ma pirogue !

Scène 2

Personnages : Paloumata, Pelumati, Kingomati, Kingamata

(Voici qu'arrive, tout aussi essoufflée, la pêcheuse de perle Paloumata. Il n'y a plus personne sur la place du village.)

Paloumata
Ohé... Ého... Il n'y a personne, ici ? Où est donc passé notre grand cuisinier ? Et notre sorcier ? Et notre guerrier ? C'est étonnant...

Pelumati
Ounga bounga... Ounga bounga...

Paloumata
Ah, si, tu es là, toi... Mais tu ne vas pas pouvoir m'aider beaucoup...

Pelumati
Ounga, ounga, oungagagaga...

Paloumata
Tu veux m'aider?... Tu es gentil, Pelumati... Tu es le plus gentil singe sacré que la tribu des Mati-Mati ait jamais eu...

Pelumati
Ouououououounga!

Paloumata
Bon, puisque tu veux m'aider, cours jusqu'à la case du roi. Ne t'arrête pas pour manger des bananes, hein?

Pelumati
Ounga!

Paloumata
Et ramène-le jusqu'ici, de gré ou de force... Tu as compris?

Pelumati
Bounga, bounga...

Paloumata
Cours, cours... Ah! Quelle histoire! Une maison flottant sur l'eau. Je n'avais jamais vu ça! Avec des grandes ailes blanches au-dessus, qui claquent dans le vent! Et des hommes... bizarres... je ne sais même pas si ce sont des hommes! Peut-être que ce sont des démons? Ou des dieux? Il faut absolument que j'en parle au roi...

Kingomati, *arrivant*
Mais arrête ! Il est devenu fou, ce singe... Pelumati, arrête, tu me pinces... Aïe !

Paloumata
Grand roi Kingomati, c'est moi qui ai demandé au singe sacré de te...

Kingomati
De me pincer ? Tu lui as demandé de me pincer ?

Paloumata
Non, oh non, Votre Majesté... De vous amener ici, parce que le temps presse, et que j'ai une nouvelle, une grande nouvelle, une énorme nouvelle à vous annoncer...

Kingamata, *arrivant*
Kingomatounet, dis-moi, je te cherche partout... Qu'est-ce que je mets pour la fête de la Lune ? Mon pagne à fleurs bleues avec le grand collier de coquillages, ou bien mon pagne rouge et un triple collier de fleurs.

Kingomati
Euh... Je ne sais pas, moi... Tu pourrais essayer...

Pelumati
Ounga... Ounga...

Kingamata
Qu'est-ce qu'il a, ce singe, à être excité comme ça ?

Paloumata
Vos Majestés... Ma Reine, je ne veux pas interrompre votre discussion sur les tenues de Votre Royale Altesse, mais...

Kingamata
Mais tu l'interromps ! Qu'y a-t-il ?

Kingomati
Mais c'est vrai ça, à la fin, qu'y-a-t-il ?

Paloumata
Eh bien, il y a là-bas, sur l'eau, et qui se rapproche de notre île,... un... une... C'est difficile à expliquer !

Pelumati
Ounga, ounga, bounga, bounga ounga ounga bounga, bounga, bounga...

Paloumata
C'est gentil de m'aider, Pelumati, mais je ne suis pas sûre qu'ils aient vraiment compris...

Kingomati
Pas tout, pas tout...

Kingamata
Pas grand-chose... Il a dit « ounga bounga », à la fin, ou « bounga ounga » ?

Kingomati
Bounga, bounga, je crois...

Kingamata
Ah ! Je vois...

Pelumati
C'est une maison qui flotte sur l'eau, avec de grandes ailes blanches au-dessus, et de drôles de démons qui courent dans tous les sens... ou peut-être des dieux... ou peut-être des hommes... Mais ils sont bizarres...

Kingamata
Est-ce qu'ils sont beaux ?

Pelumati
J'étais un peu loin, et...

Kingomati
Ça n'a aucune importance... Et tu dis que cette maison flottante se rapproche de notre île ?

Pelumati
Oui, et vite... Le vent gonfle ses grandes ailes, et elle devrait arriver sur la plage des quatre palmiers bientôt...

Kingamata, *s'éloignant en parlant toute seule*
Ciel... Et moi qui suis à peine coiffée, et même pas vraiment habillée... Je reviens dans un instant... Je vais me changer... Des hommes-dieux ! ou des hommes-démons ! ou des hommes-hommes... pour la fête de la Lune ! On va enfin voir des têtes nouvelles... Ici, on rencontre toujours les mêmes personnes... Elle est si petite, notre île !

Kingomati
Bon, allons préparer un accueil royal. Il faut que tes hommes-démons-dieux soient bien reçus. Allons, allons...

Paloumata
Tout de suite, Grand Roi, tout de suite...

Pelumati
Ounga, ounga, bounga, bounga...

Scène 3

Personnages : Massumati, Piromati, Magimati, Marmimata

(Retour en catastrophe de Massumati, Piromati, Magimati et Marmata, très excités... Ils ont vu le « grozoizeau » de près...)

Massumati
Vite... Mais plus vite!... Dépêchez-vous, tous les trois! Ils ne vont pas tarder à débarquer ici...

Piromati
On arrive, on arrive... T'es pas essoufflé, toi!... Bien sûr... C'est tout le temps moi qui dois pagayer...

Magimati
Quel drôle de bateau c'était! Énorme! Ils doivent être nombreux à bord...

Marmimata
Oui, je me demande comment ils font la cuisine!

Massumati
Allez, allez, on va leur tendre un piège, ici.

Magimati
Il m'a semblé en voir deux ou trois avec les mains et les pieds attachés...

Piromati
Ça doit être leurs esclaves!

Marmimata
Ou bien leur réserve de viande!

Massumati
Piromati, cache-toi avec Marmimata dans sa case... Magimati, tu te dissimules derrière le *tiki,* quant à moi, je me mets là, derrière la grande marmite... À mon signal, nous leur bondissons dessus...

Piromati
Chut... Plus un bruit... J'entends des voix...

Scène 4

Personnages : Piromati, Massumati, Magimati, Marmimata, Girofle, Bouffarde, Mac Oustic, Mac Robat, Gullibleu

(Les pirates débarquent sur l'île avec trois prisonniers...)

Girofle
Stop, stop... Aïe !... Stop, j'ai dit !

Bouffarde
Qu'est-ce qu'il y a ?

Girofle
C'est un village. Je vous l'avais dit qu'il y avait un village, j'avais vu de la fumée... et il y a un affreux machin sculpté... Je ne veux plus faire l'éclaireur !

Mac Robat
Froussard !

Girofle
Prudent, c'est tout, prudent... Et puis, pourquoi ce serait toujours moi devant ?

Bouffarde
Parce que moi, même derrière, j'ai toujours la tête qui dépasse, moi !

Girofle
C'est pas une bonne raison, ça ! Ou on avance tous les deux devant, ou je m'arrête là !

Bouffarde
D'accord, d'accord... On va attacher nos prisonniers ici, à cet arbre, et on explore ce village ensemble... Ça te va ?

(Ils attachent les trois prisonniers à un palmier qui se trouve sur l'avant-scène droite, puis ils se dirigent vers la case située sur l'avant-scène gauche... Brusquement, hurlements des « guerriers » qui les encerclent. Simulacre de combat. Les deux marins, débordés par le nombre, se rendent...)

Piromati
Nous avons fait... *(Il comte sur ses doigts mais n'y arrive pas.)* une main de prisonniers... Une main complète ! Nous sommes de terribles guerriers !

Massumati
Surtout moi !

Magimati
Qu'allons-nous en faire ?

Piromati
Du rôti !

Massumati
Du grillé à la broche !

Marmimata
Du farci aux pousses de bambou !

Magimati
Moi, j'aime bien le bouilli, aussi, avec des petits légumes, « façon nouvelle cuisine » comme dit Marmimata...

Gullibleu
Moi, je n'aime pas le bouilli !

Mac Oustic
Idiot, c'est nous qu'ils veulent manger !

Gullibleu
Ah, bon !... Mais... Mais je ne veux pas, moi... Je ne leur permets pas, moi...

Girofle
Hep, les sauvages!... Moi, je suis trop petit, hein? trop maigre, hein? pas assez musclé, pas assez gras?... Pas manger moi, toi... Regarde que la peau, que les os, pas bon.

Marmimata
C'est très bon, la peau, quand c'est bien grillé...

Piromati
Et les os, ça fait des bonnes soupes...

Magimati
Le roi Kingomati et la reine Kingamata arrivent...

Massumati
On va leur faire la surprise et leur offrir nos prisonniers...

Marmimata
Vite, en ligne pour les cacher...

Piromati
Si le roi est très content, peut-être qu'il nous laissera choisir les meilleurs morceaux?

Mac Robat
Get your hands off me, mais non des fois!

Mac Oustic
You, c'est la dernière fois que vous *touch* les mollets de Miss Mac Oustic... *You understand*?

Gullibleu
J'ai peur... Je ne veux pas qu'on me mange... Et en plus, y'en a tout plein d'autres qui arrivent...

Scène 5

Personnages : Tous.

(Arrivée royale : Leurs Altesses en costume d'apparat... c'est-à-dire ornées de colliers de fleurs, bâton de commandement à la main pour le roi, éventail de cour pour la reine... même le singe s'est fait beau !)

Massumati
Un, deux, trois : surprise, ô Grand Roi ! Je t'ai personnellement moi-même presque tout seul fait ces prisonniers...

Marmimata
Oh, oh, oh... On était quatre... Fanfaron...

Kingomati
Qu'est-ce que c'est que ça ?

Piromati
Hein... nos prisonniers... pour vous...

Magimati
Pour la fête de la Lune, on a pensé qu'on pourrait...

Marmimata
Les manger !

les prisonniers, *ensemble*
Non ! Pitié, Grand Roi !

Kingamata
Ouh ! le grand aux yeux noirs avec sa jupette... Qu'il est beau, mais qu'il est beau...

Pelumati
Ounga ounga bounga !

Kingamata
Mais non, qu'est-ce que tu vas penser là !

Paloumata
On les détache, Votre Majesté ?

Kingomati
Oui... Mais il faut que nos invités nous expliquent combien de temps ils comptent rester en villégiature dans notre île...

Massumati
En villégiquoi ?

Kingamata
En vacances, repos, *holidays*...

Bouffarde
Euh... C'est-à-dire... Nous ne sommes pas...

Girofle
Nous sommes...

Kingamata
Vous êtes, ou vous n'êtes pas ?

Kingomati
Ah ! Être ou ne pas être, voilà la question !

Piromati
Quoi ?

Marmimata
Que dit-il ?

Kingomati
Rien, rien... Vous ne voulez pas rester parmi nous ? Nous allons commencer les fêtes de la Lune... Quatre jours de danses, de chants et de ripailles...

Bouffarde
En fait, si vous pouviez nous vendre quelques fruits, quelques légumes, quelques poules, un cochon ou deux...

Girofle
Et nous donner de l'eau, et un peu de rhum...

Bouffarde
Nous retournerions sur notre navire, là-bas, avec nos amis...

Girofle
Et nous repartirions bien vite chez nous, sans vous ennuyer plus longtemps !

Kingomati
Bien, bien... Les quatre z-héros... Vous allez fournir à nos amis tout ce dont ils ont besoin... Et vous les accompagnerez jusqu'à leur bateau... Ça vous apprendra à jouer les cannibales...

(Sortie la tête basse de Piromati, Massumati, Magimati et Marmimata, accompagnés de Bouffarde et de Girofle, les deux marins...)

Scène 6

Personnages : Kingomati, Kingamata, Paloumata, Pelumati, Gullibleu, Mac Robat, Mac Oustic

Gullibleu
Qu'allez-vous faire de nous, alors, si vous ne nous mangez pas ?

Paloumata
Ça dépendra de ce que vous savez faire ! Moi, je pêche des perles... et j'aurais bien besoin d'aide...

Mac Oustic
Des perles ? des vraies perles ? mais je veux bien apprendre à les pêcher, moi ! On peut se faire des colliers, avec les perles que l'on pêche ?

Kingomati
Une pour moi, une pour toi...

Kingamata
Et une pour moi aussi, n'oublie pas !

Pelumati
Ounga bounga ounga ounga...

Kingomati, *à Gullibleu*
Que savez-vous faire, vous, à part trembler ?

Gullibleu
La cuisine, un peu... Goûter les plats, surtout, en fait !

Kingomati
Eh bien, Marmimata se plaint toujours que sa marmite est difficile à touiller... Vous serez aide-cuisinier ! Vous avez l'air costaud !

Kingamata, *à Mac Robat*
Venez un peu ici, vous...

Mac Robat
Moi ? Pour quoi faire ?

Kingamata
Pour voir si vous savez danser ! C'est important dans notre île, la danse !

Mac Robat
Dans la mienne aussi ! Je peux vous apprendre le « *Gay Gordon* », *if you wish !*

Scène 7

Personnages : Pelumati, Kingomati

(Tous sont partis à leurs affaires, anciennes ou nouvelles... Il ne reste plus que Pelumati et Kingomati.)

Kingomati
Eh bien, que dis-tu de tout cela, Pelumati, le plus rusé de tous les singes sacrés que la tribu des Mati-Mati ait jamais eu ?

Pelumati
Ounga !

Kingomati
C'est tout ? Tu es plus bavard, d'habitude ! Que se passe-t-il ?

Pelumati
Bounga bounga, ounga ounga...

Kingomati
Tu as peur qu'ils reviennent plus nombreux, et qu'ils nous chassent de notre île ?

Pelumati
Oungagaga... Boubounga !

Kingomati
Qu'ils nous prennent nos trésors, nos champs et nos vies... Mais où vas-tu chercher tout ça ? Quel peuple serait assez cruel ou assez fou pour vouloir en exterminer un autre, lui voler ses terres et faire disparaître à jamais ses coutumes et sa religion ?... Hein, Pelumati ? Quel peuple ?

(Ils sortent côté jardin, Pelumati, au moment de disparaître de scène se retourne vers le public, hausse les épaules et écarte les bras dans un geste d'impuissance...)

RIDEAU